聪颖宝贝科普馆

SENLIN ZHIWU

# 森林植物

段依萍◎编著

辽宁美术出版社

**图书在版编目(CIP)数据**

聪颖宝贝科普馆. 森林植物 / 段依萍编著. —沈阳:
辽宁美术出版社, 2020.8
　　ISBN 978-7-5314-8818-7

　　Ⅰ.①聪… Ⅱ.①段… Ⅲ.①科学知识—学前教育—
教学参考资料 Ⅳ.①G613.3

中国版本图书馆 CIP 数据核字(2020)第 147657 号

出　版　者:辽宁美术出版社
地　　　址:沈阳市和平区民族北街 29 号　　邮编:110001
发　行　者:辽宁美术出版社
印　刷　者:北京市松源印刷有限公司
开　　　本:889mm×1194mm　1/16
印　　　张:5
字　　　数:40 千字
出版时间:2020 年 8 月第 1 版
印刷时间:2020 年 8 月第 1 次印刷
责任编辑:童迎强
装帧设计:宋双成
责任校对:郝　刚
书　　　号:ISBN 978-7-5314-8818-7
定　　　价:48.00 元

邮购部电话:024-83833008
E-mail:lnmscbs@163.com
http://www.lnmscbs.cn
图书如有印装质量问题请与出版部联系调换
出版部电话:024-23835227

# 前言
## FOREWORD

　　森林是一个生物群落,包括草本植物、木本植物等。在森林中,植物、动物、微生物、土壤四者之间相互制约,相互依存,并且与环境也是相互影响的, 由此形成一个完整的生态系统。森林中物种丰富,结构复杂,功能也是多种多样的。基于森林对于人类的作用,人们将森林称为"地球之肺"。

　　而植物,是这个世界上最安静的小精灵,它们静静地感受着自然的变化,吸引着步履匆忙的人们驻足片刻去感受生命的鲜活。那些热爱生活的人们, 用一点儿绿一点儿红佐以一些精心的照顾,就为生活增加了许多色彩。

　　翻开这本《森林植物》,让我们一起走进神秘的大自然,去看看森林中那些植物的特性。我们平时很少接触的中草药、树木、野菜,在这里都有详尽的介绍。

编　者

# 目录
CONTENTS

# 目录
## CONTENTS

# 侧根多的白屈菜

白屈菜宜生长在疏松、肥沃、排水良好的沙质土和壤土上，一般生于山谷湿润地、水沟边、绿林草地或草丛中。

## 聚伞状多分枝

白屈菜属于多年生的草本植物，有 30 ~ 100 厘米高。主根很粗壮，形状呈圆锥状，侧根有很多，颜色为暗褐色。茎有很多分枝，分枝上长着短柔毛，后面毛渐渐消失。叶子有 8 ~ 20 厘米长，为宽倒卵形或者是倒卵状长圆形，外表为绿色，没有毛，背面长着白粉，有短柔毛。花梗很细，有 2 ~ 8 厘米长，后期花梗上的柔毛会渐渐消失。花瓣为倒卵形，大约有 1 厘米长，外表为黄色。蒴果是狭圆柱形，有 2 ~ 5 厘米长，2 ~ 3 毫米粗。种子则呈卵形，仅有 1 毫米长甚至更小，外表为暗褐色，有蜂窝状的格子。花期在 4 ~ 9 月。

## 对肌肉的作用

化学性质与罂粟碱类似，都是异喹啉类的，作用也差不多，能够起到抑制各种平滑肌细胞生长的作用，还能够解痉，稍微有点毒性。

**小档案**

**别称**：断肠草、土黄连、山黄连、牛金花、地黄连
**科名**：罂粟科
**特征**：圆锥形的主根十分粗壮，有很多侧根，聚
　　　　伞状的茎有很多分枝，分枝上有短柔毛
**分布**：中国、朝鲜、日本、俄罗斯、欧洲
**习性**：喜阳光，也喜温暖湿润的气候，耐寒耐热

# "娇气"的北京杨

北京杨是中国自主研发的一个品种，由中国林业科学院林业科学研究所人工杂交育成。

### "比心"的北京杨

北京杨一般高可达 25 米,树皮很光滑,是灰绿色的,有些是渐变灰绿色。小的枝条则是绿色或者红色的,多是斜向上生长的,没有棱角,芽具有一点点的黏质。北京杨的基部是心形或者圆形的。

### 容易受冻

若是土壤水肥良好,北京杨会生长得很快,12 年便可以长到 23.5 米,胸径 28 厘米。但是北京杨耐寒性不是特别好,在吉林以北很容易受冻形成破肚病。在干旱、贫瘠的环境中,或是在有盐碱的土壤中,则会生长得很缓慢。

### 建材小能手

由于中国北方寒冷、干旱,因此具有速生特性的北京杨是该地区的主要栽培树种,在南方海拔较高地区也有北京杨的影子。与其他杨树相比较,北京杨可以更好地生长并且适应性也更强,可以作为建筑用材。

**小档案**

**科名**:杨柳科
**特征**:直立的树干十分光滑,有密集的皮孔、卵形或广卵形的树冠、圆锥形的细芽
**分布**:中国
**习性**:需水肥条件好的土壤,抗寒性比小黑杨差

## ◤ "花叶不相见"的北乌头

北乌头属于多年生的草本植物,根部为圆锥状或者类似胡萝卜状,有 2.5~5 厘米长,有 7~10 厘米粗。北乌头的茎有分枝,但无毛,下部长有具长柄的叶子。植株开始开花时,叶子便会枯萎掉落。茎中部的叶子为五角形,有 9~16 厘米长,10~20 厘米宽,基部是心形。种子约有 2.5 毫米长,是扁椭圆球形。北乌头的花期在 7~9 月。

## ◤ 不耐旱不耐涝

北乌头一般生长在海拔 1000~2400 米的山地草坡或者稀疏的林中。北乌头喜欢凉爽湿润的环境,在零下 30℃的冬季也可以生长。但遇到干旱的时候,北乌头会生长得十分缓慢,叶片直接脱落。遇到高温高湿的季节,还要防止根部腐烂。黏土或者低洼易积水的地区不适合北乌头的生长。

# 花开叶枯的北乌头

北乌头的块根部分有强烈的毒性,能够祛风除湿、温经止痛,还可以用来治疗风寒湿痹、寒疝作痛、心腹冷痛、关节痛等病症。

## 小档案

**别称**：草乌、蓝靰鞡花、小叶芦

**科名**：毛茛科

**特征**：胡萝卜形或圆锥形的块根，叶与叶之间等距，近革质或纸质的叶片，一般有分枝

**分布**：中国、朝鲜、西伯利亚

**习性**：凉爽湿润的环境适合生长，可耐寒冷

## 有毒但可入药

北乌头的块根有毒，但经过特殊炮制后可以入药。块根也可以当作农药使用，防治棉蚜等虫害。北乌头的叶子清热止痛，治疗腹泻、头痛有很好的效果。

# 不怕冷的侧金盏花

侧金盏花全株都有毒，富含加大麻苷、福寿草毒苷、福寿草苷等强心苷以及其他化合物，可以入药。

### 先开花后长叶

侧金盏花是多年生植物，有又短又粗的根状茎，根须很多。开花时，茎高 5 ~ 15 厘米，之后会长到 30 厘米，没有毛或者在顶部有很少的短柔毛。叶子在花朵长大后才会生长，茎下部的叶子有长柄，没有毛。叶片外表是正三角形，有 7.5 厘米长，9 厘米宽。花有 2.8 ~ 3.5 厘米长，萼片外表为淡紫灰色，长圆形或者是倒卵形长圆形。雄蕊大约有 3 毫米长，没有毛。瘦果倒卵球形，大概长 3.8 毫米，长有短柔毛。

### 生长环境

侧金盏花的生长需要较多的腐殖质，而且土壤环境要湿润，一般生长在山脚或者山坡的阔叶林下或灌木丛中。侧金盏花耐寒，适合生长在昼夜温差较大的地区。它有利尿、强心以及镇静的作用，一般用来治疗心脏性水肿、充血性心力衰竭等疾病。

**小档案**

**别称**：金盏花、冰凉花、冰凌花、金盏花

**科名**：毛茛科

**特征**：粗壮的短茎呈根状，没有毛或者顶部长有
少数短柔毛，分枝较少

**分布**：中国、朝鲜、日本等

**习性**：喜富含腐殖质的湿润土壤，耐寒

# 了不起的大果榆

大果榆的翅果有较高的含油量，是医药、轻工业、化工业的重要原料。它自身也可作为车辆、农具、家具、器具等的用材。

## 🖊 树皮粗糙

大果榆属于落叶乔木或者是灌木，有 20 米高。树皮很粗糙，是暗灰色或者灰黑色的。幼年枝干上覆盖稀疏的毛，一两年后会变色，一般为稀淡红褐色或者淡黄褐色，基本无毛。冬季的枝芽是近乎球形的，芽鳞背面偶有短毛。宽叶子是倒卵状圆形、倒卵形或稀椭圆形的，长 5 ~ 9 厘米，宽 3.5 ~ 5 厘米。花果期则都是在 4 ~ 5 月。

## 🖊 生长环境及价值

大果榆喜欢有充足的阳光照射的环境，根系发达，侧根有很强的萌芽性。在全年无霜期大约有 145 天，温度为 29℃和零下 30℃之间、年降水量 200 毫米的地区可以很好地生长。大果榆对土地的要求不高，但土壤和气候条件若是很适宜的话，它的寿命会更长一些。大果榆的树叶秋季会变成红色，树冠很大，外观好看。大果榆还具有固土保水的作用，可以改善立地条件。在某些干旱或半干旱的地区，大果榆也是防护林工程的树种之一，十分了不起。

**别称**：黄榆、芜荑、柳榆、迸榆

**科名**：榆科

**特征**：灰黑色或暗灰色的树皮,一般叶子呈倒卵状圆形、宽倒卵形、倒卵形或者倒卵状菱形,极少数是椭圆形的

**分布**：中国、朝鲜

**习性**：喜欢阳光充足,耐寒冷和干旱,也耐贫瘠

# 耐旱怕涝的鼠尾草

鼠尾草的原产地是欧洲南部与地中海沿岸地区。中国的鼠尾草主要生长在江苏、湖北、广东等地。

**小档案**

**别称**:洋苏草等
**科名**:唇形科
**特征**:植株被柔毛,苞片呈蓝紫色
**分布**:欧洲南部与地中海沿岸地区、中国、日本
**习性**:喜温暖、通风好的环境

鼠尾草生长于路边、草丛，水边及林荫处。鼠尾草喜欢排水良好、石灰质丰富的土壤。在 15℃至 22℃的温度下生长较好。耐旱，但不耐涝。在土质疏松的中性或微碱性土壤中生长良好。

## 形态特征

鼠尾草为一年生草本，根须密集，其花期在六到九月。苞片为披针形，呈蓝紫色。花梗长约 1 毫米，被短柔毛；花序轴密被柔毛。花萼为筒形，长 4 到 6 毫米，外面疏被柔毛，内面在喉部有白色的长硬毛毛环。花冠多为蓝紫色，长约 12 毫米，外面被长柔毛，内面有斜生的疏柔毛环。花柱向外伸展，前裂片较长。花盘前方呈膨大状。

# 作用很多的大三叶升麻

大三叶升麻的根茎可以入药，其中含有很多有用的化学成分，有清热泻火、升阳、解毒、发表透疹等功效。

## 根茎粗壮

大三叶升麻有粗壮的根状茎，呈黑色，有许多下陷圆洞状的老茎痕迹。叶子为三角状卵形，大约有 20 厘米宽。顶端的小叶是倒卵形至倒卵状椭圆形的，边缘长有粗锯齿。侧面的小叶子一般是斜卵形，比顶端的小叶子更小，没有毛，或背面长着白色的柔毛。雄蕊为 2.5 ～ 4 毫米长，1.6 ～ 2 毫米宽，顶部为白色。一般会有两粒种子，大约有 3 毫米长。大三叶升麻在 8 ～ 9 月开花，果期则是在 9 ～ 10 月。

## 干燥后可入药

大三叶升麻的根茎干燥后，可以入药，被称作北升麻。大三叶升麻性寒，味道有些辣、苦，有着清热泻火、升阳等功效。可以用于治疗痘疹和麻疹初期，由胃火旺盛引起的牙疼和头痛。

### 小档案

**别称**：窟窿牙根、龙眼根、关升麻
**科名**：毛茛科
**特征**：粗壮的根状茎表面是黑色的，高度在 1 米以上，茎下部的叶子是三角状卵形的
**分布**：中国、朝鲜、俄罗斯远东地区

大叶铁线莲的主根和茎都十分粗壮,主根呈棕黄色,茎上长着白色的糙绒毛,也有明显的纹路。卵圆形或宽卵圆形的叶子,有些近乎圆形,边缘有不整齐的粗锯齿。上面是暗绿色,几乎没有毛,下面有曲柔毛。花长 2 ~ 3 厘米,花萼的下半部是管状。瘦果为卵圆形,大约有 4 毫米长,外表为红棕色,有短柔毛。大叶铁线莲的花期在 8 ~ 9 月,果期则是在 10 月。

### 📐 多种用途

大叶铁线莲整株可以入药,种子还可以榨油供油漆用,并且大叶铁线莲也是优良的绿化植物。

# 美且实用的大叶铁线莲

大叶铁线莲的根有祛风除湿、解毒消肿的功效。它不仅有良好的药用价值,还有很高的观赏价值。

## 根部喜阴、花茎喜光

　　大叶铁线莲的根部喜欢阴凉,但地上的茎和花叶则喜欢阳光,喜欢在潮湿的石灰质土中生长,在发育的期间会需要更多的钙、磷等元素。大叶铁线莲有很强的适应性,对土壤的要求不高。

**别称:**草牡丹、气死大夫、木通花、草本女萎

**科名:**毛茛科

**特征:**密集地生长着红褐色的须根,暗红色或棕黑色的茎是圆柱形的,六条纵向条纹十分明显,复叶是羽状的

**分布:**中国、朝鲜、日本

**习性:**要求土壤湿润、养料足,有良好的透水性

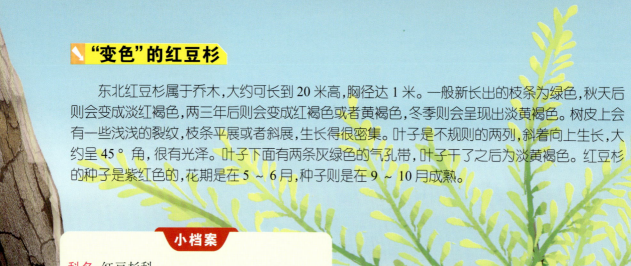

## "变色"的红豆杉

东北红豆杉属于乔木,大约可长到 20 米高,胸径达 1 米。一般新长出的枝条为绿色,秋天后则会变成淡红褐色,两三年后则会变成红褐色或者黄褐色,冬季则会呈现出淡黄褐色。树皮上会有一些浅浅的裂纹,枝条平展或者斜展,生长得很密集。叶子是不规则的两列,斜着向上生长,大约呈 45°角,很有光泽。叶子下面有两条灰绿色的气孔带,叶子干了之后为淡黄褐色。红豆杉的种子是紫红色的,花期是在 5~6 月,种子则是在 9~10 月成熟。

### 小档案

**科名:** 红豆杉科
**特征:** 红褐色的树皮有浅浅的裂纹,枝条生长密集,条形的叶片有短柄
**分布:** 中国、朝鲜、日本、俄罗斯
**习性:** 有较强的抗寒性,喜欢凉爽、湿润的气候

# "会变色"的东北红豆杉

东北红豆杉的边材是黄白色的,较窄;心材是淡褐红色的,不仅坚硬致密、有弹性,而且具有光泽和香味,可以用来提取红色的颜料。

## ✎ 濒危野生植物

东北红豆杉是耐阴树种,在茂密的森林中也能生长,但是不会成林。可以在零下30℃的环境下生长,喜欢凉爽、湿润的气候,不过最适宜的生长温度是20 ~ 25℃,不可以过热或者过冷。

东北红豆杉在地球上有长达250万年的历史,是植物中的活化石。在1999年,被列为我国一级珍稀濒危野生植物。

# 生命短暂的独行菜

　　独行菜的嫩叶可以采来当作野菜食用，全草包括种子都可以用来制药，可起到利尿、化痰、止咳的效果。

## 生长周期很短

　　独行菜的生育期非常短。在哈尔滨地区，播种到出苗只需要3～6天，再到开花仅需不到一个月，再经过25天左右种子便会成熟。如果是在佛山地区，十月中旬播种，两天便会出苗，一个月后开花，再经过一个月种子便会成熟。果实成熟，便可以采收了。

## 直挺的茎

　　独行菜属于一年生或者两年生的草本植物，高5~30厘米。茎很直挺，有分枝，没有毛，或者有很小的头状毛。叶子长3~5厘米，宽1~1.5厘米。叶柄有1~2厘米长。萼片大约有0.8毫米长，形状为卵形，会早落，长着柔毛。果梗为弧形，大约有3毫米长，短角果则近似圆形或者宽椭圆形。种子大约有1毫米长，形状为椭圆形，外表光滑，为棕红色。花果期都是在5~7月。

### 小档案

**别称：** 北葶苈子、腺茎独行菜、昌古

**科名：** 十字花科

**特征：** 基部的叶片呈狭匙形，莲座状铺在地面上，有深浅不一的羽状裂纹

**分布：** 亚洲中、东部，喜马拉雅地区

**习性：** 生育期较短，很快就能成熟

## ◤ "不起眼"的鹅肠菜

　　鹅肠菜属于石竹科，是二年生或多年生的草本植物。茎上分出很多枝，有 50～80 厘米长，上部长有腺毛。叶子是卵形或者是宽卵形，有 2.5～5.5 厘米长，1～3 厘米宽，基部稍微类似心形。子房是长圆形，花柱很短，外表为线形。蒴果为卵圆形，比宿存萼稍长一些。种子类似肾形，约有 1 毫米长，稍微有些扁，外表为褐色。鹅肠菜的花期在 5～8 月，果期则是在 6～9 月。

## ◤ 繁殖能力强

　　鹅肠菜的繁殖能力特别强，生长一年后会开满白色星星形状的花朵，散播数百万颗种子。鹅肠菜的嫩叶可以作为人类的食物，种子及幼苗可以作为鸡或鸟类的饲料。

# "营养师"鹅肠菜

　　鹅肠菜长得不起眼，茎也显得纤细平软，但是有极强的生命力，繁殖速度快。

**别称**:大鹅儿肠、石灰菜、鹅肠草、牛繁缕

**科名**:石竹科

**特征**:茎有很多分枝,向上生长,最高有80厘米,卵形或宽卵形的叶片顶端突然变尖,基部有点像心形

**分布**:中国,北非,北半球温带及亚热带地区

## 主根肥厚

　　肥皂草是多年生的草本植物，有 30～70 厘米高。主根很肥厚，看起来肉肉的。根茎很细，有很多分枝。直挺的茎没有毛，上部偶尔有分枝。椭圆状披针形或椭圆形的叶子，长 5～10 厘米，宽 2～4 厘米。基部渐狭成短柄状，半抱茎，边缘有些粗糙，正反两面都没有毛。肥皂草的花梗有 3～8 毫米长，有着很稀疏的短毛。花萼呈筒状，有 18～20 毫米长，2.5～3.5 毫米宽，外表为绿色，有时则会呈暗紫色，初期有毛。雄蕊和雌蕊的柄都约有 1 毫米长，花瓣为白色或者淡红色。蒴果呈长圆状卵形，大约有 15 毫米长。种子呈圆肾形，有 1.8～2 毫米长，外表为黑褐色，长有很小的瘤。

## 对土壤没有要求

　　肥皂草很喜欢阳光，耐半阴、耐寒，也可以随意修剪。在干燥或者湿地上都可以正常生长，对土壤没有要求。

# 粉嫩的肥皂草

肥皂草形态美丽，花色亮丽，有很高的观赏价值。

**小档案**

**别称**：石碱花

**科名**：石竹科

**特征**：肉质的主根十分肥厚，茎秆没有毛，直立
生长，一般不分枝，上部偶有分枝

**分布**：中国，地中海沿岸

**习性**：喜欢阳光，可以忍受半阴或寒冷的环境

狗枣猕猴桃属于大型落叶藤本植物。小枝是紫褐色,大约有3毫米宽,基本没有毛,但有明显的黄色皮孔。长花枝在幼时顶部会长有短茸毛,长有不太明显的皮孔,到了第二年才会变为褐色。长方卵形、阔卵形或长方倒卵形的叶子,长6～15厘米,宽5～10厘米,基部是心形,边缘有单锯齿或者是重锯齿。叶子上部为白色,但会慢慢变成紫红色,覆盖少量绒毛。长方倒卵形的花瓣长6～10毫米。果皮没有毛,没有斑点,很干净。果子没有成熟的时候为暗绿色,成熟的时候会变成淡橘红色。种子大约有2毫米长。

# 叶子变色的狗枣猕猴桃

狗枣猕猴桃的果实富含维生素C等营养元素,不仅可以吃,还能用来酿酒或者入药;树皮可以用来织麻布或者编织绳子。

**别称**：狗枣子、深山木天蓼

**科名**：猕猴桃科

**特征**：紫褐色的小枝条，花枝较短，基本无毛，褐色的隔年枝有光泽，薄纸质或膜质的叶片

**分布**：中国、朝鲜、日本、俄罗斯远东地区

**习性**：生长于杂木林中，喜欢肥沃的腐殖质土壤

## 依附生长

狗枣猕猴桃是缠绕在阔叶树和灌木上生长的，喜欢腐殖质肥沃的土壤。在通风湿润的环境下会生长得更好。

29

# "婀娜多姿"的荷包牡丹

荷包牡丹整株都可以用来制作中药,有除风、解痉、散血、镇痛、和血、利尿、消疮毒等功效。

## ▶ 外表艳丽

荷包牡丹高 30 ~ 60 厘米,偶尔出现更高的情况。茎是圆柱形,外表为紫红色。叶子看起来呈三角形,长 15 ~ 40 厘米,宽 10 ~ 20 厘米,表面是绿色的,背面则覆有白色的粉末。披针形的萼片长 3 ~ 4 毫米,呈现玫瑰色。在开花之前,萼片会自行脱落。花瓣颜色不一,有粉红色、白色以及紫红色的。花药是长圆形;子房是狭长圆形,有 1 ~ 1.2 厘米长,1 ~ 1.5 毫米粗。花期则是在 4 ~ 6 月,没有果子。

## ▶ 夏季休眠

荷包牡丹耐寒,因此在炎热的夏季会休眠,喜欢半阴的环境。荷包牡丹不耐干旱,喜欢湿润的肥沃土壤。

**别称**：兔儿牡丹、蒲包花、荷包花、铃儿草

**科名**：罂粟科

**特征**：圆柱形的植株带有紫红色,肉质的根状茎,
表面为绿色的小裂片,背面有白粉

**分布**：中国、日本、西伯利亚

**习性**：喜欢半阴的环境,耐寒

# 浑身是宝的 胡桃楸

胡桃楸的种子可以用来制作食用油,种子仁可以吃,树皮的纤维可以用来制造纸张。

## "毛茸茸"的胡桃楸

胡桃楸属于乔木,有 20 米高。树皮是灰色的,枝条扩展着生长,呈现出扁圆形,并且幼枝条上还长有短短的茸毛。胡桃楸的叶子一般是深绿色的,叶子上也会有稀疏的茸毛。雄性花序有 9 ~ 20 厘米长,具有短花柄,花序轴上也有短短的柔毛。雌花有 5 ~ 6 毫米长,有茸毛,其柱头是鲜红色的。一般胡桃楸的花期在 5 月,果期则是 8 ~ 9 月。

## 挑剔环境

胡桃楸喜欢阳光,在土层深厚、排水良好、腐殖质多的湿润疏松土地上生长良好。过于干燥或积水的环境则会影响其生长。胡桃楸也很耐寒,在零下 40℃的环境中也可以生长。

## 实用价值高

胡桃楸的果仁有极高的营养价值,是非常好的滋补品,且种子可以榨成高级食用油。胡桃楸的木材坚硬弹性好、纹理好看,加工也很容易,耐腐蚀并且油漆性能好,因此一般应用于建筑、车轮和军工等方面。胡桃楸的枝干粗壮、叶子宽阔,在东北地区具有非常高的观赏价值。

### 小档案

**科名:**胡桃科

**特征:**具有浅的纵向裂纹的树皮是灰色的,幼枝上面生有较短的茸毛,羽状复叶为奇数,生长于萌发条上,最长可达 80 厘米

**分布:**中国、朝鲜北部

**习性:**喜欢充足的阳光,耐受寒冷,不耐受荫凉

# 茎很柔弱的黄紫堇

黄紫堇整株都可以入药,用来治疗湿热、赤白痢疾、腹泻、疮疖痈肿、肺结核、小便不利、咯血等病症。

## 小档案

**别称:**气草、黄龙脱壳

**科名:**罂粟科

**特征:**植株不长毛,有些许侧根,干旱时是褐色的,柔弱的茎上基生叶很少,有长柄

**分布:**中国、朝鲜、日本、东西伯利亚、鄂霍次克

**习性:**一般生长在杂木树林中

## 根茎短、侧根少

黄紫堇属于无毛草本植物，有50～90厘米高。主根长13厘米，有很少的侧根，在干燥的时候为褐色。黄紫堇的根茎很短，被很少的枯叶覆盖。黄紫堇的茎很柔弱，通常在下部分会分枝，曲折着生长。叶子为宽卵形或者三角形。花梗很细但直挺；花瓣为倒卵形，雄蕊有7～8毫米长，花药很小。蒴果为狭倒卵形，有1～1.4厘米长，大约3毫米粗，有6～10枚种子。种子近似圆形，直径大约为1.5毫米，外表黑且有光泽。黄紫堇的花果期都在6～9月。

## 区分黄紫堇和小黄紫堇

黄紫堇与小黄紫堇非常像，但是在东北境内分化，一种向其更东北方向迁移，另一种则向其西南方向生长。

## 萌枝棱角分明

　　加杨属于落叶乔木，大约有 30 米高。树干直挺且树皮厚，有着一些深的沟壑。树干上部是褐灰色，下部则是暗灰色。枝条斜向上伸展，萌枝的棱角明显，小枝是圆柱形，有一点点棱角，无毛，稍微被短柔毛。雌蕊有苞片，为淡绿褐色，花丝细长且颜色为白色，柱头四裂。加杨的果序有 27 厘米长，果子为卵圆形，大约有 8 毫米，2 ~ 3 瓣裂，为雌雄异株，但雌株较少。花期为 4 月，果期为 5 ~ 6 月。

## 可以不喝水

　　加杨喜欢温暖湿润的气候，对土地的需求不高。但土壤肥沃、水分充足的话，会生长得更好。加杨也有非常强的耐旱能力，在年降水 500 ~ 900 毫米的地区可以良好生长，在年降水 200 ~ 1300 毫米的地区也可以良好生长。不过加杨不耐寒，在最低气温零下 41℃时会遭受冻害。

# 耐旱的加杨

　　加杨是美洲黑杨和欧洲黑杨的杂交品种，于 19 世纪中叶引入中国。

## 🖊 加工容易

　　加杨木材为白色中带有一点儿淡黄褐色,年轮很明显,纹理清晰;加杨很容易干燥,好加工,但在锯解木材时,容易起毛夹锯;加杨的油漆和胶结性能也很好。加杨非常适合用来造纸或作为其他纤维工业原料,也非常适合制作火柴盒、农具、家具、包装箱等。

### 小档案

**别称:** 欧美杨、加拿大杨、美国大叶白杨

**科名:** 杨柳科

**特征:** 直立的树干被粗厚的树皮包裹着,较大的芽顶端反曲着,颜色从绿色逐渐变为褐绿色,并且具有黏质

**分布:** 中国,美洲,欧洲各国

**习性:** 喜欢湿润的环境

## 缠绕生长

卷茎蓼是一年生的草本植物。茎是缠绕着生长的,有 1 ~ 1.5 米长。叶子是卵形或者是心形的,两面都没有毛。叶柄有 1.5 ~ 5 厘米长,长有一些小凸起。花很稀疏,偶尔也会长成花簇。苞片是长卵形的,顶部是尖尖的,每苞有 2 ~ 4 朵花,花梗很细。花的外表为淡绿色,边缘是白色,花瓣是长椭圆形。瘦果是椭圆形,有 3 个棱,有 3 ~ 3.5 毫米长,外表为黑色,有小颗粒,没有光泽,一般宿存花被之中。花期是 5 ~ 8 月,果期则是在 6 ~ 9 月。

## "坏蛋"卷茎蓼

曾经有实验证明,卷茎蓼会导致实验老鼠肝损伤,生化指标也有异常。

# 不爱开花的卷茎蓼

卷茎蓼在夏、秋季采收,将其洗净、晒干之后可以储藏起来。卷茎蓼有健脾消食的功效,主治消化不良、腹泻。

## 小档案

**科名:**蓼科

**特征:**有纵向生长的棱,从基部开始分枝,叶子基部是心形的

**分布:**美洲北部、非洲北部、欧洲、亚洲

**习性:**在沟边湿地、山坡草地、山谷灌丛生长

# 可治狗咬伤的 类叶升麻

类叶升麻的根状茎可以入药，有祛风止咳、清热解毒的功效。茎和叶子则可以用来制作土农药。

## "多脚"的类叶升麻

类叶升麻属于多年生草本植物，长着很多细长的"脚"——根，外表为黑褐色。茎有 30～80 厘米高，圆柱形，有 4～9 毫米粗，下部没有毛，中上部则生长着白色的短柔毛，不分枝生长。最顶端的小叶子为卵形至宽卵状菱形，有 4～8.5 厘米长，3～8 厘米宽。侧面生长的小叶子是卵形至斜卵形，表面几乎无毛。

类叶升麻在山西以南的果序比较短，有 3～6 厘米长；而河北以西的果序较长，有 5～17 厘米长。

## 毒莓有毒

其实类叶升麻还有另外一个名字，叫作毒莓。听到此名字，就应该猜得到，它是有毒的。没错，它的整株植物都有毒，尤其是果实，是毒性最强的，所以千万不可以食用。

**别称**:绿升麻、绿豆升麻、马尾升麻、绿衣升麻
**科名**:毛茛科
**特征**:横向生长的根状茎质地坚实,具有黑褐
色的外皮,有许多细长的根,茎是圆柱形的
**分布**:中国、朝鲜、日本以及远东地区

### 带锯齿的藜

藜高 30 ~ 150 厘米，棱状卵形至宽披针形的叶子，长 3 ~ 6 厘米，宽 2.5 ~ 5 厘米，基部是楔形至宽楔形。上面一般是无粉的，偶尔嫩叶的上面会有紫红色粉，下面会有很少的粉，边缘长着不整齐的锯齿。

果皮和种子贴近生长。种子是横生的，形状类似凸镜，有 1.2 ~ 1.5 毫米，边缘有些钝，外表黑色有光泽，着浅浅的纹路。整株藜花是黄绿色的，果期在 5 ~ 10 月。

# 甜而有毒的藜

藜可以用来制作草药，有清热祛湿、消肿解毒、杀虫止痒的功效。

## ⬛ 味道甘甜却有毒

　　藜的味道有些甘甜,却有毒。食用后在阳光的照射下,被照射到的皮肤可能会出现肿胀、出血,严重的可能会长出水疱,甚至感染和溃烂。患者会出现低烧、头疼、乏力、食欲不振等症状。

### 小档案

**别称**:胭脂菜、灰菜、灰蓼头草、灰藜、落藜

**科名**:藜科

**特征**:粗壮的茎直立生长,有许多分枝,有条棱和紫红色或绿色的色条,枝条斜向上生长

**分布**:全球温带及热带地区

**习性**:可在轻度盐碱的土地上生长

# 喜欢潮湿的耧斗菜

耧斗菜的花很小,花色明快,有很强的适应性,多生长在潮湿的遮阴地。

**小档案**

**别称**:猫爪花

**科名**:毛茛科

**特征**:圆柱形的根十分肥大,直径可达1.5厘米,没有或有少数分枝,外皮呈黑褐色

**分布**:中国、俄罗斯

**习性**:喜欢凉爽的环境,不能高温暴晒

## 叶子正反迥异

楼斗菜的茎高15～50厘米,经常在上部分枝,除了长有柔毛之外还密被腺毛。叶子有4～10厘米宽,外表为绿色且没有毛,背面则是淡绿色至粉绿色,长有短柔毛或者没有毛。雄蕊大约有2厘米长,花药是长椭圆形,外表为黄色。种子约有2毫米,外表是黑色,呈狭倒卵形,有微微凸起的棱角。楼斗菜在5～7月开花,果期则是在7～8月。

## 喜凉喜湿

楼斗菜一般是在海拔200～2300米的山地路旁、河边或者潮湿的草地中生长。楼斗菜喜欢凉爽的气候,耐寒,但不可以高温暴晒。也喜欢含有腐殖质、湿润且排水良好的土壤。

## ⬛ "不挑剔"的葎草

葎草有着非常强的适应能力，在年均气温 5.7 ~ 22℃、年降水 350 ~ 1400 毫米、土壤的 PH 值 4.0 ~ 8.5 这些条件下，都可以生长得很好。虽然葎草喜欢肥沃的土壤，但在贫瘠的土地上也可以生长，只是生长得没有那么旺盛。

秋季葎草成熟的时候可以制作成干草，作为饲料喂给兔子、猪、鸡等家养牲畜。葎草可以增强动物适应环境的能力，增强它们的吸收功能。

## ⬛ 生长习性

葎草的茎、枝条和叶柄上都有倒钩刺。叶子表面粗糙，长有一些毛；背面有黄色腺体和柔毛，边缘有锯齿。葎草的雄花长得很小，外表为黄绿色，花序呈圆锥形，有 15 ~ 25 厘米长；雌花序呈球果状，约有 5 毫米长，苞片的质感像纸，有着白色的茸毛。瘦果在成熟的时候会露在苞片外面。葎草的花期在春夏，果期则在秋季。

# "不好惹"的葎草

葎草可以入药，茎和皮的纤维是制造纸张的原料，种子油是制作肥皂的原料之一。

### 耐腐朽且坚硬

落叶松木材坚实，有极强的抗弯曲能力，并且耐腐朽，因此落叶松的工艺价值很高，是电杆、枕木、桥梁、建筑等的优良用材。高大挺拔的落叶松在园林绿化中也有至关重要的作用。

# 不畏严寒的落叶松

中国大兴安岭的针叶林中生长着许多落叶松，是当地用来荒山造林或者更新森林的主要树种。

## "巨人"落叶松

落叶松属于乔木,有35米高,胸径长60~90厘米。落叶松的幼树皮是深褐色的,以鳞片的形状裂开;老树皮则是灰色、暗灰色或者灰褐色的,也是以鳞片的形状裂开,不过裂开后的内皮是紫红色的。枝条一般是斜展或者平展,树冠呈卵状圆锥形,一年生细枝为淡黄褐色。幼年时期的球果是紫红色的,成熟后则会变成黄褐色、褐色或者紫褐色。落叶松的花期是5~6月,球果则会在9月成熟。

### 小档案

**科名:**松科

**特征:**幼树有深褐色的树皮,枝条斜着展开或平直地展开,树冠呈卵状圆锥形,圆球形冬芽的芽鳞为暗褐色

**分布:**中国、俄罗斯远东地区

**习性:**喜欢充足的阳光,需水量较大

# "一褐到底"的毛榛

毛榛的种子不仅可食用,以种仁入药,更有调中、开胃、明目的功效。嫩叶晒干后可做家畜的饲料,花卉则是蜂的蜜源,而且木材坚硬、耐腐,可做伞柄、手杖等。

## 小档案

**别称:**火榛子、毛榛子

**科名:**桦木科

**特征:**树皮是灰褐色或暗灰色的,叶子呈矩圆形、宽卵形或者倒卵状矩圆形,叶柄细瘦

**分布:**中国、朝鲜、日本、俄罗斯

**习性:**喜欢充足的阳光,能耐受寒冷和干旱

## 耐腐蚀且可以当饲料

毛榛用处很多。活性炭的原料中就有榛果的果壳，果苞则可以提炼做成栲胶，并且毛榛木材坚硬耐腐蚀，还可以做成伞柄、手杖等。夏季时可以采集毛榛的叶子作为蚕的饲料，秋霜至冬季时，叶子晒干后可以作为猪牛羊等家畜的饲料。毛榛的根系很发达，可以固定土层，是改良林地土壤的优秀树种。

## 分散生长

毛榛一般生长在海拔 400～1500 米的山坡灌丛或者林下，很喜欢肥沃的中性及微酸性土壤，耐寒耐旱。因为毛榛耐阴，一般是分散生长在阔叶林中或林缘，也有一些长在山地阴坡，偶尔也会在森林的阴山坡生长。

### ◥ 生长环境

　　蒙古栎一般生长在阳坡或者半阳坡,成小片纯林,或者与桦树生长在一起,形成混交林。

　　蒙古栎有很强的适应能力,需要在温暖潮湿的环境中生长,对土壤没有太高的要求,可以耐受寒冷和干旱,但是无法在水湿的环境中生存。

# "多面手"蒙古栎

蒙古栎不仅可以用来营造防风林、水源涵养林,还是防火林的优良树种。

### ◥ "高个子"的蒙古栎

　　蒙古栎属于落叶乔木,高达 30 米。树皮是灰褐色的,竖着裂开。幼枝是紫褐色的,有棱角没有毛。叶子是倒卵形至长倒卵形,有 7 ~ 19 厘米长,3 ~ 11 厘米宽,叶子的边缘有细锯齿。雄花序一般在新长出的枝叶下方生长,有 5 ~ 7 厘米长,花序轴没有毛;雌花序则是在新长出的枝叶上方生长,大约有 1 厘米长,有四五朵花,但最后只会有一两朵发育。花期是 4 ~ 5 月,果期则是在 9 月。

别称：柞树、柞栎、蒙栎

科名：壳斗科

特征：单叶互生的叶片为倒卵形，边缘有锯齿，
　　　呈波状，绿色的叶子表面颜色比背面稍深

分布：中国、朝鲜、日本、蒙古、俄罗斯

食物：喜欢温暖湿润的环境，稍耐干旱和寒冷

# 花梗向下的木通马兜铃

木通马兜铃适合在中国北方种植，多作为地栽布置庭院，是栽种于篱栅、绿廊、棚架旁的良好材料。其茎可入药，具利尿消炎之功效。

## 枝、花、叶的特点

　　木通马兜铃属于木质藤本植物，有 10 多米长。茎为灰色，老茎的基部直径有 2 ～ 8 厘米，外表有淡褐色的圆形小孔，有着竖长的皱纹。叶子是心形，有 15 ～ 28 厘米长，13 ～ 28 厘米宽。叶柄有 6 ～ 8 厘米长，有一点点宽。花梗有 1.5 ～ 3 厘米长，一般是向下垂着生长。长圆柱形的蒴果，外表为暗褐色，有 9 ～ 11 厘米长，3 ～ 4 厘米宽。种子为三角状心形，有 6 ～ 7 毫米长，干燥的时候外表为灰褐色。木通马兜铃的花期为 6 ～ 7 月，果期则是在 8 ～ 9 月。

## 有致癌风险

木通马兜铃别名"关木通",它含有马兜铃酸,这种物质会严重损伤肝脏和肾脏,甚至可能会致癌,因此被禁用。

**小档案**

**科名**:马兜铃科

**特征**:嫩枝呈深紫色,叶片是革质的,嫩叶上面稀疏地长有白色的长柔毛,叶柄略扁

**分布**:中国、朝鲜、俄罗斯

**习性**:喜欢半阴凉、微潮偏干的土壤,耐寒

# 生命力强的**欧洲白榆**

欧洲白榆的树皮、枝条和叶子中含有单宁，味道十分苦涩，所以牲畜对其少有危害，非常适合种植在牧区。

## 白榆的作用

欧洲白榆的边材是淡黄色的，心材则是淡褐至黄褐色。可以用来制作建筑、车辆、农具、家具等。枝条美观，可以用来编筐。翅果可以供医药或者工业使用。欧洲白榆的抗病虫害能力较强，是新疆地区用来绿化的优良树种。1985年9月，被乌鲁木齐定为市树。

## 在花芽中生长

欧洲白榆属于落叶乔木，在原产地可以达到30米高。叶子一边是楔形，一边是半心脏形，边缘有重锯齿。白榆的花一般从花芽中长出，花梗纤细，花果期是4～5月。

## 耐寒抗高温

在新疆夏季气温高达45℃，冬季会低至零下43℃，在日温差达到30℃的情况下，欧洲白榆依然生长旺盛。欧洲白榆对土壤要求不高，在深厚湿润的土壤中或在疏松的沙土中都可以生长良好。

### 小档案

**别称：**新疆大叶榆、大叶榆

**科名：**榆科

**特征：**树皮呈淡淡的褐灰色，幼时平滑的树皮会随着年龄的增长逐渐变成鳞状，老了之后则有不规则的纵向裂纹

**分布：**中国以及欧洲等地

**习性：**喜欢阳光充足，可耐受寒冷和高温

# "全身是宝"的荠

整株都可以作为中草药,茎和叶子则可作为野菜食用,种子可以用来制作油漆和肥皂。

## ⚑ 喜凉耐寒

荠属于耐寒的蔬菜,很喜欢冷凉湿润的气候。荠的种子适合在 20 ~ 25℃的温度中发芽,在 12 ~ 20℃的环境中能够生长得很好。

## ⚑ "莲座"荠

荠属于一年生或者两年生的草本植物,有 7 ~ 50 厘米长,没有毛,偶尔有单毛或者分叉毛。荠的茎很直挺,一般是在下部分枝。叶子丛生呈现出莲座的形状。花梗有 3 ~ 8 毫米长。萼片是长圆形,有 1.5 ~ 2 毫米长。花瓣是白色,为卵形,有 2 ~ 3 毫米。种子有两行,长椭圆形,有 1 毫米长,外观为浅褐色。荠的花果期都在 4 ~ 6 月。

## 药用价值高

　　荠也可以入药，有较高的药用价值，可以止血、利水、明目，治疗便血、水肿、月经过多、淋病等病症。并且荠含有二硫酚硫酮，有抗癌的作用。

### 小档案

**别称**：菱角菜、荠菜
**科名**：十字花科
**特征**：植株高度能达到50厘米，茎直立，丛生的基生叶呈莲座状
**分布**：全世界温带地区
**习性**：喜欢阴凉湿润的环境，可耐受寒冷

### "光秃秃"的石竹

石竹是多年生的草本植物，有 30～50 厘米高，全枝没有毛，外表为粉绿色。石竹的茎直接在根的部分生长，上部分为枝叶，叶子顶端尖尖的，有部分叶子边缘有细小齿。石竹的花梗有 1～3 厘米长，苞片有缘毛，花萼是圆筒形，有缘毛，长 15～25 毫米。石竹的花期在 5～6 月，果期则是在 7～9 月。

### 喜光不喜热

石竹不喜欢酷暑，夏季时，很多石竹会生长不良或直接枯萎。石竹喜欢有充足的阳光，但要注意遮阴降温，环境要干燥、通风并且凉爽。石竹对土壤要求也很高，土壤要肥沃、疏松，排水也要良好，并且要含有石灰质，这样才会生长旺盛。

**小档案**

**别称**：石竹子花、洛阳花、中国石竹、中国沼竹
**科名**：石竹科
**特征**：茎秆稀疏丛生，呈直立状，下部不分枝，上部有分枝，叶子为线状披针形
**分布**：中国、朝鲜、韩国、俄罗斯
**习性**：可以耐受寒冷和干旱，不耐受酷暑

# 挺拔的 石竹

石竹整株都可以作为中药使用，有破血通经、清热利尿、散瘀消肿的功效。

## 品种丰富

　　石竹有很多品种，一般都是用来观赏的。温室栽培的石竹花期非常长，可以四季开花。花朵颜色缤纷，甚至还有淡紫色、蓝色、黄色等特殊的颜色，有着非常高的观赏价值。

# 坠落凡间的天女木兰

天女木兰的花色艳丽,有较长的花梗,能够迎风摆动,是闻名中外的庭院种植的观赏树种。

**小档案**

**别称:** 小花木兰

**科名:** 木兰科

**特征:** 膜质的叶子呈宽倒卵形或倒卵形,叶片顶端会突然变得狭长而尖或者逐渐变得短而尖,花朵与叶子同时开放

**分布:** 中国、韩国、日本

**习性:** 在海拔 1600 ~ 2000 米的山地生长

## 🖊 花白如雪

天女木兰属于落叶小乔木,大约有10米高。小枝细长,直径大约有3毫米,外表为淡灰褐色,初时长着银灰色的柔毛。叶子有9～15厘米长,4～9厘米宽,上面长有柔毛,下面则是苍白色的。天女木兰的花朵为白色,杯子形状,有香味,盛开的时候像碟子一样。花梗有3～7厘米长,外表有褐色及白色的长柔毛。雄蕊为紫红色,有9～11毫米长,花药大约有6毫米长,花丝则有3～4毫米长。雌蕊为椭圆形,外表为绿色,大约有1.5厘米长。

## 🖊 不易存活

天女木兰喜欢阳光,喜欢温暖潮湿的气候,也耐寒。对土壤要求较高,不耐旱,在干燥的土地上会生长不良,根也很怕被水淹,同时也没有良好的愈合伤口的能力。移栽不容易活下来,适合用分株、压条等方式繁殖。

## 🖊 提取芳香油

天女木兰的木材可以制作农具,它的花可以萃取精华,提取芳香油。

## 外形特征

葶苈是一年生或者二年生的草本植物,有 5 ~ 45 厘米高。茎很直挺,偶有分枝,分枝的茎上会长叶子。小花梗很细,有 5 ~ 10 毫米长,萼片为椭圆形,背面有很少的毛。花瓣初期为黄色,后期会慢慢变成白色,大约有 2 毫米长。果梗有 8 ~ 25 毫米长,种子为椭圆形,外表为褐色,果皮上有很小的疣。花期在 3 ~ 4 月上旬,果期则是在 5 ~ 6 月。

# 分枝长叶的葶苈

部分葶苈的种子可以作为中药使用,有消肿除痰、止咳定喘、泻肺降气的功效。

## 葶苈的分布

　　宽叶葶苈有 4 ~ 20 厘米高，很壮。叶子也很大，可以达到 5 ~ 6 厘米长，2 厘米宽。一般多分布在陕西、青海、新疆、四川等地，长在山坡或者林间。

　　光果葶苈短角果是没有毛的，大多生长在东北和内蒙古等地，欧洲北部也出现过。

# 著名中药五味子

在《神农本草经》上，五味子是一种上品中药，有强身健体的效果，与琼珍灵芝一起入药，可以用来治疗失眠。

## 落叶木质藤本

五味子是落叶木质藤本植物，除了叶子背面有柔毛、芽鳞有缘毛之外，别的地方都没有毛。五味子的幼枝是红褐色，老枝则是灰褐色，经常会起皱纹，然后呈片状掉落。叶子是宽椭圆形、卵形、倒卵形、宽倒卵形或者是近圆形的，有5～10厘米长，3～5厘米宽。雄蕊大约有2毫米长，花药有1.5毫米长，没有花丝或者外3枚雄蕊才有非常短的花丝。雌蕊群类似卵圆形，有2～4毫米长。浆果为红色，类似球形或者倒卵圆形，有6～8毫米宽。五味子的花期在5～7月，果期则在7～10月。

## 喜酸怕旱

　　五味子喜欢微酸性的具有腐殖质的土壤，一般生长在海拔 1200 ~ 1700 米的地区，主要分布在沟谷、溪水边或者山坡上。野生的五味子常常生长在山林中，缠绕着其他林木向上生长。五味子不耐旱，在土壤肥沃、温度适宜的条件下生长得最好。

### 小档案

**别称：**五味、五梅子、会及、壮味、玄及、山花椒
**科名：**五味子科
**特征：**果实为不规则的球形或者扁球形，表面皱缩，呈现紫红色、暗红色或者红色
**分布：**中国、朝鲜、日本
**习性：**喜欢微酸性的腐殖质土壤

# 散发香味的香杨

香杨会发出浓郁的香味，叶子的形状也很奇特，具有很高的观赏价值。

## ✎ 香杨的枝叶

香杨的枝叶有很多形状。叶子上面的颜色为暗绿色，下面的为白色或粉红色。花期在4月下旬至5月，果期则在6月。

## ◤ 喜温凉

香杨笔直分散，大多数都生长在海拔 400 ~ 1600 米地区。它喜欢温凉的气候，喜欢阳光，耐水湿。大多数的香杨都长在河边、溪边谷地，通常会与红松混在一起生长或者在阔叶树林中生长。香杨在零下 40℃的环境中也可以生长，抗旱抗涝。

## ◤ 味道浓郁

香杨是一种极为难得的杨树树种，生长期的香杨会散发香味，味道十分浓郁。这味道是由枝叶和嫩芽散发出来的。树干没有棱角，很光滑，有着非常高的观赏价值。相比较其他杨树，香杨的生长期更长一些。

### 小档案

**科名：**杨柳科

**特征：**树冠呈广圆形，树皮幼时是光滑的灰绿色，老时则具有深沟一样的裂纹，呈暗灰色

**分布：**中国、朝鲜、俄罗斯

**习性：**喜欢阳光和冷湿环境，耐旱，耐涝，抗风

# 根须细长的银线草

银线草整株都能入药，有活血止痛、祛湿散寒、散瘀解毒的功效，可以用来治疗风寒咳嗽、闭经、风湿痛，外用治跌打损伤、瘀血肿痛、毒蛇咬伤等。

## 小档案

**别称**：鬼独摇草、独摇草、鬼督邮
**科名**：金粟兰科
**特征**：根状茎有很多节，生有许多细长的根须，有分枝和香味，直立的茎数个丛生或单生
**分布**：中国、朝鲜、日本
**习性**：生长在肥沃、湿润、松软的土壤中

## 茎不分枝、叶对生

银线草属于多年生的草本植物，有20～49厘米高。银线草的茎是直挺着的，单生或者丛生，不分枝。叶子是对生的，一般有四片叶子长在茎顶，为宽椭圆形或者倒卵形，有8～14厘米长，5～8厘米宽，边缘有齿牙状的锐锯齿，正反两面都没有毛。穗状花序比较单一，花梗有3～5厘米长，苞片为三角形或者是类似半圆形，花朵颜色为白色。子房是卵形，没有花柱。核果类似近球形或者是倒卵形，有2.5～3毫米长，有1～1.5毫米长的叶柄，颜色为绿色。银线草的花期是在4～5月，果期则是在5～7月。

## 栽培技术

银线草很喜欢湿润、肥沃的土地。如果要栽培银线草，要在春分之后，连着根部一起挖出，然后将小株连着宿根一起剪断，要带着根须，然后种下。若是成活要多浇水，一定要保持土壤湿润。

# "树如其名"的**圆柏**

圆柏的木质十分坚韧紧实，而且极为坚硬，呈桃红色，不仅外观美丽，而且具有持久的香味，有较强的耐腐蚀能力。

**小档案**

**别称:** 柏树、桧、桧柏、刺柏
**科名:** 柏科
**特征:** 圆形或近似于方形的小枝有鳞形的叶子，幼树上的叶子则为刺形，后逐渐变化
**分布:** 中国、朝鲜、日本
**习性:** 喜欢阳光，也耐阴凉，喜欢稍温暖的气候

### ✎ "树如其名"的圆柏

圆柏属于乔木，有20米高，胸径达3.5米；它的树皮是深灰色的，并且是竖着一片片裂开。一般小树的枝条是按着斜上方向生长，树冠长得形似尖塔，小树枝多是弧状弯曲或者是直的，叶子接近圆柱形或者是近四棱形，有1～1.2毫米粗。老树则枝条会大一些，向下伸展着，下部形状类似圆形。

### ✎ 生命力旺盛

圆柏喜欢光，同时也喜欢温凉或温暖的气候和潮湿的土壤，修剪起来也很容易。不怕冷不怕热，对土壤的要求也不严格，有很强的生命力。

### ✎ 一材多用

圆柏的材质坚硬且颜色为桃红色，很美观，适合做图板、棺木、文具、家具等；可以从树根、树干和枝叶中提取出柏木脑的原料和柏木油；种子可以用来榨油，也可以作为药材使用。不过圆柏的生长速度比较慢，所以除了用作观赏外，很少被用于大规模的造林。

## 形态特征

樟子松属于乔木，有 25 米高，胸径达 80 厘米。成年的樟子松树皮很厚，树干上部的树皮是黄色至黄褐色，下部则是灰褐色或者黑褐色。树枝斜展或者平展，幼树一般会长成尖塔形，老年树则是圆顶或者平顶，树冠稀疏。

樟子松的叶子为针叶，两针一束，一般是硬直且扭曲的。叶边有细锯齿，两面都有气孔线。雄球花呈圆柱状卵圆形，一般聚集生长在新生枝条的下部；而雌球花是短梗的，颜色为淡紫褐色。

## 喜光耐寒

樟子松特别喜欢光，树种扎根很深，土壤水分少或者是干旱土地都可以生长，但在过度水湿或者积水很多的地方则生长得不好。樟子松非常耐寒，在零下四五十摄氏度都可以生长。它是阳性树种，树冠稀疏，针叶大部分聚集在树的表面。樟子松喜欢酸性或者微酸性的土壤。它的寿命很长，一般可以活 150 ~ 200 年。

# "老年掉发"的樟子松

樟子松是东北地区主要的速生用材，是保持水土的优良树种。

**小档案**

**别称**:蒙古赤松、海拉尔松、黑河赤松

**科名**:松科

**特征**:挺直的树干,三四米以下的树皮为黑褐色,椭圆形或圆锥形的树冠

**分布**:中国、蒙古

**习性**:喜欢阳光充足,可耐寒,有较强的抗逆性

# 冬季不枯萎的诸葛菜

诸葛菜的嫩茎叶有苦味，如果要拿来食用，需要先用开水浸泡，之后再用冷开水浸泡，直到苦味消失。

## 外形特征

诸葛菜是一年生或二年生的草本植物，有 10 ~ 50 厘米高。没有毛，茎直挺且单一，外表为浅绿色或者稍微有些紫色。叶子近似圆形或者短卵形，有 3 ~ 7 厘米长，2 ~ 3.5 厘米宽，基部呈心形。诸葛菜的花长 2 ~ 4 厘米，有浅红色、紫色、白色三种颜色。花梗有 5 ~ 10 毫米长。花萼则是筒状，大约有 3 毫米长，外表为紫色。花瓣则是宽倒卵形，有 1 ~ 1.5 厘米长，7 ~ 15 毫米宽，有着细细的脉络。果梗有 8 ~ 15 毫米长，种子是卵形至长圆形的，大约有 2 毫米长，外表是黑棕色，有纵条纹。诸葛菜的花期在 4 ~ 5 月，果期在 5 ~ 6 月。

## 冬季不枯萎

诸葛菜可以从头年 9 月活到次年 6 月，甚至在冬季仍不枯萎。在北京地区一般是 3 月下旬至 5 月开花，观赏期有一个多月。在北方，诸葛菜可以在早春观花，冬季赏绿，因而有着非常棒的绿化效果。

### 小档案

**别称**：二月兰

**科名**：十字花科

**特征**：茎直立，基生叶和下部的茎生叶都呈大头羽状，顶部裂片为短卵形或近乎圆形

**分布**：中国、朝鲜

**习性**：萌发期较早，喜欢阳光充足，可耐寒冷

# 纯朴典雅的落新妇

落新妇纯朴而典雅，需要生长在稀疏的林中，或者林子边缘，墙垣半阴的地方。

## 形态特征

落新妇属于多年生的草本植物，有 50 ~ 100 厘米高。根状茎为暗褐色，很粗壮，有着很多的根须，但茎没有毛。顶端的小叶子是棱状椭圆形，侧面的小叶子是卵形至椭圆形，基部为浅心形至圆形，或者是楔形的，边缘的锯齿呈重叠状，有密集的花朵，萼片两边没有毛。花瓣是淡紫色至紫红色，形状为线形。蒴果大约有 3 毫米长，种子大约有 1.5 毫米长，外表为褐色。落新妇的花果期都在 8 ~ 9 月。

## 生长环境

落新妇一般生长在海拔 390 ~ 3600 米的山坡阴湿的地方或者在森林旁的草丛中。而大落新妇则是生长在海拔 450 ~ 2000 米的林下、灌丛或沟谷阴湿处。落新妇在湿润的环境中会生长得很好，对土壤要求也不严格。

### 小档案

**别称：** 术活、小升麻、马尾参
**科名：** 虎耳草科
**特征：** 圆柱形的茎表面是棕黄色的，基部有褐色的长柔毛或膜质鳞片状毛
**分布：** 中国、朝鲜、日本、俄罗斯
**习性：** 喜欢半阴凉的环境，能够忍受寒冷